MathStart®

洛克数学启蒙②

最棒的假期

[美]斯图尔特·J.墨菲　文　　　[美]娜丁·伯纳德·韦斯科特　图

易若是　译

收集数据

海峡出版发行集团
THE STRAITS PUBLISHING & DISTRIBUTING GROUP　福建少年儿童出版社
FUJIAN CHILDREN'S PUBLISHING HOUSE

献给琳赛和尼娜，她们总能与我分享一些史上最棒的主意。

——斯图尔特·J.墨菲

献给贝琪。

——娜丁·伯纳德·韦斯科特

THE BEST VACATION EVER

Text Copyright © 1997 by Stuart J. Murphy

Illustration Copyright © 1997 by Nadine Bernard Westcott

Published by arrangement with HarperCollins Children's Books, a division of HarperCollins Publishers through Bardon-Chinese Media Agency

Simplified Chinese translation copyright © 2023 by Look Book (Beijing) Cultural Development Co., Ltd.

ALL RIGHTS RESERVED

著作权合同登记号：图字 13–2023–038号

图书在版编目（CIP）数据

洛克数学启蒙. 2. 最棒的假期 / (美) 斯图尔特·
J.墨菲文；(美) 娜丁·伯纳德·韦斯科特图；易若是
译. –– 福州：福建少年儿童出版社, 2023.9
ISBN 978-7-5395-8098-2

Ⅰ.①洛… Ⅱ.①斯… ②娜… ③易… Ⅲ.①数学 -
儿童读物 Ⅳ.①O1-49

中国国家版本馆CIP数据核字(2023)第005832号

LUOKE SHUXUE QIMENG 2 · ZUIBANG DE JIAQI
洛克数学启蒙2 · 最棒的假期

著　　者：[美]斯图尔特·J.墨菲　文　[美]娜丁·伯纳德·韦斯科特　图　易若是　译
出　版　人：陈远　出版发行：福建少年儿童出版社　http://www.fjcp.com　e-mail:fcph@fjcp.com　社址：福州市东水路76号17层（邮编：350001）
选题策划：洛克博克　责任编辑：曾亚真　助理编辑：赵芷晴　特约编辑：刘丹亭　美术设计：翠翠　电话:010-53606116（发行部）　印刷：北京利丰雅高长城印刷有限公司
开　　本：889 毫米 ×1092 毫米　1/16　印张：2.5　版次：2023 年 9 月第 1 版　印次：2023 年 9 月第 1 次印刷　ISBN 978-7-5395-8098-2　定价：24.80 元

最棒的假期

我们一家人忙忙碌碌，
总是在急匆匆地赶路。

妈妈这才刚进门，

6

爸爸就要外出了。

查理跟伙伴总有事干，

奶奶从不懂什么是悠闲。

我们都需要一个轻松的假期，

但又不知道该去哪里。

也许我可以做个调查，

然后把答案记在这里。

让我们一起列些表格，

它会告诉我们最终结果。

要不要选个温暖的地方？

要不要去个远一点儿的地方？

要不要去个热闹的地方？

要不要带上毛毛一起去？

	远	近
妈妈		∨
爸爸		∨
奶奶		∨
查理	∨	
我	∨	
	2	③

	热闹	安静
妈妈		∨
爸爸		∨
奶奶	∨	
查理	∨	
我	∨	
	③	2

	不带毛毛	带毛毛
妈妈		∨
爸爸	∨	
奶奶		∨
查理		∨
我		∨
	1	④

大家的选择已经统计完毕，
现在该确定我们要去哪里。

看完表格的统计结果，

我知道哪里才是最棒的场所！

温暖
近
热闹
带毛毛

我们想要的最佳度假地点，

原来就在身边！

让我们在自家的后院，
度过最完美的一天！

写给家长和孩子

对于《最棒的假期》中所呈现的数学概念，如果你们想从中获得更多乐趣，有以下几条建议：

1. 跟孩子一起阅读故事，让孩子复述画面中的情节。聊聊书中小女孩提出的问题以及家人给出的答案。

2. 再次阅读故事，跟孩子一起讨论小女孩是怎么从表格中总结出结果的。在阅读过程中不断提问，例如："想去温暖地方的人多，还是想去凉爽地方的人多？""想去远方的人多，还是想留在近处的人多？"

3. 让孩子也试着来回答小女孩提出的问题："你想去哪儿度假呢？想去暖和的地方还是凉快的地方？想去热闹的地方还是安静的地方？"

4. 如果让你来帮助小女孩一家选择适宜的度假地点，你能设计出哪些和书中不同的问题？把这些问题写下来。然后协助孩子得到这些问题的答案，并记录在表格中。最后把这些表格汇总到一起，得出一个理想的度假地点。

5. 去和邻居聊聊天，调查一下大家的喜好。比如：人们更喜欢开哪种车——大型车还是小型车？红色车还是蓝色车？孩子们更喜欢穿哪种鞋去上学——运动鞋还是休闲鞋？深色鞋还是浅色鞋？和孩子一起把这些信息记录下来，然后总结出每个问题的答案。

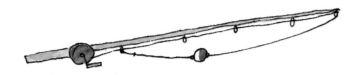

如果你想将本书中的数学概念扩展到孩子的日常生活中，可以参考以下这些游戏活动：

1. 最佳菜单：跟孩子一起计划一次野餐，让孩子来思考为了了解每位家庭成员最喜欢的食物，你要准备哪些问题？你打算怎么将表格上的信息进行归类？你能整理出一份大多数人喜欢的食物清单吗？

2. 家族成员大调查：一起做一个家族成员统计表。你们家族中，男性多还是女性多？戴眼镜的多还是不戴眼镜的多？单眼皮的多还是双眼皮的多？大多数家族成员的头发颜色都一样吗？

3. 喜欢的日子：带孩子一起制作一个图表，在表格第一行的各栏中分别填上星期一至星期日，表格最左边的一列填上朋友们的名字。让孩子询问朋友们，他最喜欢的日子是星期几。一周中，喜欢哪一天的人最多？喜欢哪一天的人最少？为什么？

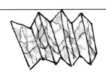

《虫虫大游行》	比较
《超人麦迪》	比较轻重
《一双袜子》	配对
《马戏团里的形状》	认识形状
《虫虫爱跳舞》	方位
《宇宙无敌舰长》	立体图形
《手套不见了》	奇数和偶数
《跳跃的蜥蜴》	按群计数
《车上的动物们》	加法
《怪兽音乐椅》	减法

《小小消防员》	分类
《1、2、3，茄子》	数字排序
《酷炫 100 天》	认识 1~100
《嘀嘀，小汽车来了》	认识规律
《最棒的假期》	收集数据
《时间到了》	认识时间
《大了还是小了》	数字比较
《会数数的奥马利》	计数
《全部加一倍》	倍数
《狂欢购物节》	巧算加法

《人人都有蓝莓派》	加法进位
《鲨鱼游泳训练营》	两位数减法
《跳跳猴的游行》	按群计数
《袋鼠专属任务》	乘法算式
《给我分一半》	认识对半平分
《开心嘉年华》	除法
《地球日，万岁》	位值
《起床出发了》	认识时间线
《打喷嚏的马》	预测
《谁猜得对》	估算

《我的比较好》	面积
《小胡椒大事记》	认识日历
《柠檬汁特卖》	条形统计图
《圣代冰激凌》	排列组合
《波莉的笔友》	公制单位
《自行车环行赛》	周长
《也许是开心果》	概率
《比零还少》	负数
《灰熊日报》	百分比
《比赛时间到》	时间